中小学生心理成长百问百答

心态稳稳的

马永春 刘健 /主编

全国优秀出版社
浙江少年儿童出版社 · 杭州

图书在版编目（CIP）数据

心态稳稳的 / 马永春, 刘健主编. -- 杭州 : 浙江少年儿童出版社, 2024.6
（中小学生心理成长百问百答）
ISBN 978-7-5597-3906-3

Ⅰ. ①心… Ⅱ. ①马… ②刘… Ⅲ. ①情绪－自我控制－青少年读物 Ⅳ. ①B842.6-49

中国国家版本馆CIP数据核字(2024)第103928号

策　　划	汪　艺
责任编辑	尹摇芳　叶　丽
美术编辑	赵　琳
封面绘图	赵晓琦
内文绘图	朱梦瑶
责任校对	陈　钰
责任印制	王　振

中小学生心理成长百问百答
心态稳稳的
XINTAI WENWEN DE
马永春, 刘健　主编

浙江少年儿童出版社出版发行
（杭州环城北路177号）
浙江新华印刷技术有限公司印刷　　全国各地新华书店经销
开本 710mm×1000mm　1/16　印张 6.75　字数 61800　印数 1-10000
2024年6月第1版　　2024年6月第1次印刷

ISBN 978-7-5597-3906-3　　　　定价 : 30.00元

（如有印装质量问题，影响阅读，请与购买书店或承印厂联系调换。）
承印厂联系电话 : 0571-85164359

序言

作为一名长期从事精神医学与心理健康研究的学者，我深知心理健康对于青少年成长的重要性。青少年时期是人生中一个充满挑战与机遇的阶段，而健康的心理状态则是应对这些挑战、把握这些机遇的关键。

青少年心理健康问题一直存在，但在不同的历史时期和社会环境下，其具体表现和影响因素可能会有所不同。

在过去，由于社会经济发展水平相对较低，青少年的教育和生活条件有限，青少年心理健康问题可能更多地与生活压力、家庭关系、社会适应等方面有关。

近些年，随着科技的发展和社会的变革，青少年的心理健康问题也发生了一些变化。例如，网络和社交媒体的普及使得青少年更容易遭遇网络欺凌、信息过载等问题；同时，学业压力、家庭期望、人际关系等因素也对青少年的心理健康产生了极大影响。

当前，我国政府和社会已经开始重视青少年心理健康问题，并采取了一系列措施来加强青少年心理健康教育和服务。例如，政府发文规定：学校应该加强心理健康教育，并为学生提供心理咨询和支持服务；家长需要关注孩子的心理健康状况，与孩子建立良好的沟通和信任关系；社会要加强对青少年心理健康问题的宣传和教育，提高公众对青少年心理健康问题的认识和重视程度。

这套书不仅是一套心理自助读物，更是引导青少年心理健康成长的指南。它涵盖了广泛的主题，从青少年的自我意识、情绪管理、人际关系，到学业压力、网络社交等方面，都进行了深入的探讨和解读。书中既有理论知识，也有实用技巧，更有真实的案例分析，旨在帮助青少年更好地理解自己，从而面对生活中的各种挑战。

青少年心理健康问题不仅关系到青少年个体的健康成长，更关系到家庭和社会的和谐稳定。我们不能忽视这个问题，更不能将其简单化。这套书为我们提供了一个全面、深入了解青少年心理的窗口，也为家长和教育工作者更好地应对此类问题提供了指导和支持。

我深信，这套书是一个强大的心理支持系统。它汇集了临床一线专家们的智慧和经验，涵盖了从基础知识到复杂心理问题的全面内容，既有理论深度，也有实践指导。无论是对希望更好地理解和支持孩子的家长，还是对希望自主探索和认知自己内心世界的青少年，这套书都能提供有力的帮助。

我要特别感谢这些来自临床一线的专家和心理咨询师们。他们不仅在日常工作中为青少年的心理健康付出了巨大的努力，还抽出宝贵的时间来编写这样一套书籍，为更多的青少年和家庭提供帮助。这种无私奉献的精神令人敬佩。

我衷心希望这套书能成为每一位青少年和每个家庭的良伴，陪伴他们度过这个重要而又特殊的成长阶段。同时，我也希望这套书能引发更多人对青少年心理健康问题的关注和重视，从而为青少年的健康成长创造一个更加美好的环境。

陆林（中国科学院院士、国家精神心理疾病临床医学研究中心主任）

2024年05月

编者序

当代儿童及青少年是各类心理症状的易感人群，其心理健康问题已成为重要的公共卫生议题。中国科学院心理研究所《心理健康蓝皮书》表明，2020年我国青少年的抑郁检出率达24.6%，其中7.4%为重度抑郁。在精神卫生临床医疗工作中也可以看出，近几年儿童及青少年的心理健康问题日益凸显，来医院门诊就诊及住院的儿童及青少年数量呈逐年增长的态势，尤其是在学期末、开学初均会出现大量学生来医院就诊、住院或办理休假、休学手续的现象。

2022年底，在浙江省儿童青少年心理健康工作委员会提出的年度工作计划中，包括出版一套儿童青少年心理健康书籍，旨在为儿童及青少年提供一些"成长的烦恼"解决方案，提升他们的心理健康水平和自主调节情绪困扰的能力。2023年初，为了这项年度任务，我们约见了汪艺老师。汪老师当时正在筹划出版一本助力青少年心理健康成长的书籍，出于对该问题的共同认知，大家一拍即合。一直从事心理健康教育科技服务的汪老师，对当代的儿童青少年心理健康问题有着自己的见解。"这个时代的孩子们太辛苦了，整天都在学习，"她说，"我们要做一本孩子们对照着做就可以解决问题的工具书。"当天，一同前来的晓莺老师带来了来自一线老师、家长及学生提出的200多个有关心理健康的问题。在那之后的一年时间里，我们集结了来自全国的50多位儿童青少年方向的精神科医生、心理治疗师、心理咨询师、学校心理老师等专业人员，围绕青少年成长中的心理困扰及其解决方法，开始了编写工作。丛书按照人际交往、生活习惯、情绪心态、学业成绩、青春期及家庭关系6个主题分册，为儿童及青少年答疑解惑，引导读者及家长进行互动式自助体验训练，力求给读者轻松愉悦而有助益的阅读体验。

本书的编写结构主要包括**5大板块**：

1. 开篇以**书信**形式，采用第一人称引出困扰儿童及青少年的问题。这些具体问题都来自现实，具有代表性和典型性，希望能让正处于或曾经有过相似境遇的读者产生共鸣。

2. 第二个板块为**"树洞回音"**，旨在给予被各种问题困扰的儿童及青少年一定程度的共情性回应，并向他们展示不同应对方案造成的不同影响，引发读者思考，从而帮助他们找到自己的症结所在，并能在未来独立判断和选择。

3. **"树洞锦囊"**板块的目的是帮助儿童及青少年理解不同行动方案的心理学解释，引导、鼓励青少年尝试积极、有效的行动方案，提高其训练的意愿（动机）。

4. **"脑洞大开"**是具体训练方法板块。根据常见的认知行为治疗（CBT）、接纳承诺治疗（ACT）、正念训练、焦点解决、精神动力、家庭治疗等心理训练技术理论，设计出儿童及青少年读者可以独立操作的练习工具，如体验式书写、涂鸦、转变表达方式等。在读者完成练习后给予"绿色行动奖章"进行激励、强化、巩固其心理调节新技能。

5. **"心理成长小贴士"**以及**"写给父母的话"**是写给小读者或者家长的总结性心理学知识要点，是对前面有效行为训练背后心理学原理的概述说明。

我们希望广大读者把自己当成一名体验者，像小时候学骑自行车一样，带着尝试的心态体验、使用本书中的各种练习工具，而不是仅仅停留在阅读文字上。尽管我们尽力按照以上的构想进行编写，希望使其达到帮助儿童及青少年读者的目的，但由于能力和水平有限，也会存在一些不尽如人意的地方，我们也恳请广大读者给予批评指正。

在此，我们要特别感谢中国科学院陆林院士、中国科学院心理研究所祝卓宏教授以及浙江大学医学院附属精神卫生中心主任医师骆宏教授拨冗审阅本丛书，并对其做出了积极的评价，他们的肯定和推荐给了我们巨大的鼓舞；感谢浙江省儿童青少年工作委员会、浙江省立同德医院、浙江大学医学院附属精神卫生中心（杭州市第七人民医院）、杭州集祥教育科技有限公司等20多家单位机构的鼎力支持；感谢汪艺、晓莺老师的前期调查；感谢50余位专业人员的辛勤编写，尤其是赵侠、刘悦坦、邱丽芳、卢镁芳、刘露和沈欣欣等6位编者，在承担编写工作的同时，也做了大量书稿校对、质控等工作。在丛书即将发行之际，在此向全体编委表示衷心感谢！在一年多的时间里，浙江儿童少年出版社的编辑们也倾注了大量心力，进行了精美设计，使丛书风格更加贴近儿童青少年读者。希望本丛书可以在儿童青少年心理健康成长之路上有所助力。

主编：马永春　刘健

2024年04月

丛书编者

策 划

汪 艺

主 编

马永春　浙江省立同德医院(浙江省精神卫生中心)
刘 健　浙江大学医学院附属精神卫生中心(杭州市第七人民医院)

副主编

张海生　西湖大学医学院附属杭州市第一人民医院
唐劲松　浙江大学医学院附属邵逸夫医院
李旭娟　树兰(杭州)医院
俞少华　浙江大学医学院附属第二医院
谭云飞　浙江省人民医院(杭州医学院附属人民医院)

编 委

(按姓氏拼音排序)

陈利舟	陈蔚	陈颖	董京妮	董晓莺	方卫	龚恩溢	郭冰心
郭峰	江燕萍	蒋杭英	焦漪萍	黎仙	李彬	李奉霞	李琳
李楠	李旭娟	梁健强	林栋	刘健	刘畅	刘露	刘萍
刘悦坦	楼新娟	卢镁芳	骆名进	马永春	潘金灯	彭月华	邱丽芳
邵志虹	沈欣欣	宋林洁	苏晶晶	孙阳春	谭云飞	汤路瀚	唐劲松
王丽丽	王颖	王钰燕	吴佳怡	吴雅倩	夏滨	薛今俊	薛小莲
杨柳	杨秀清	叶冬萍	余婷婷	俞少华	张冰	张海生	赵侠
周娜	周郁微	朱妍	朱燕华				

秘 书

沈欣欣

01 我的心情总是起伏多变,如何做一个情绪稳定的人? /1

情绪是一种身心反应,它主要由三部分组成:想法、情绪感受、身体感受。如果我们可以从源头上管理自己的想法,削减想法对我们的控制力,那么我们的情绪就会更加稳定。

02 我一生气就出现暴力行为,该怎么改变? /7

要控制自己的情绪,首先要了解自己情绪的强度。如果能更好地认识自己的情绪,清楚地知道这件事对自己的影响,并想出更合理的办法化解,就能避免很多意气用事引发的恶果。

03 我和父母都是暴脾气,该怎样避免让亲近的人受伤? /13

"6秒行动法则"是指遇到令自己生气的事情时,等待6秒钟再行动,从而避免让情绪影响判断及决策。

04 为什么别人越催促,我就越焦虑、越拖延? /19

没有被及时处理的负面情绪会越积越多,并且在双方的互动中像滚雪球一样不断膨胀。如果我们把父母的催促看作善意的提醒,并在此基础上行动,或许能创造一个全新的良性循环。

05 我容易沉浸在考试或比赛失利的悲伤中,该怎么办? /25

痛苦的"笼子"往往是自己锁上的。当我们试着打开它,从"笼子"中走出来,会发现虽然"笼子"还是原来的"笼子",但我们能做更多有效的事情,比如为下一次挑战做好准备。

06 我为什么总是忍不住跟老师唱反调? / 31

在唱反调行为的背后,一定有一个正向的期待。看到自己真正想要的是什么,会让你更容易找到解决之法。

07 我因被同学嘲笑而感到自卑,该怎么办? / 37

在我们生命中的某个阶段,可能会遇到嘲笑自己的人,这也许会使我们感到自卑、无助和痛苦。其实,每个人都有不完美的地方,我们正是因此而与众不同。

08 大家都说我很幸运,为什么我却觉得不幸福? / 43

对自己要求过于严格的时候,就会被自己给自己贴的标签困住,时刻担心自己达不到别人的预期,从而丧失感知幸福和快乐的能力。

09 我的运气怎么这么差? / 49

谁都有运气不好的时候,碰到这种情况,首先不要把"运气很差"灾难化,运气是无法预测的。

10 我被老师冤枉了,该怎么办? / 55

我们身处在充满大小误会的世界中。把在学校受到的误会当作历练的机会,你也许会发现这些事件对于成长的意义。

11 父母总拿我跟别的孩子比较,我该怎么调整心态? / 61

建立稳定的自我价值体系非常重要。当你不会因为周围人的主观评价而瞬间丧失信心时,就意味着你的自我价值体系已经建立起来了。

12 为什么我总觉得自己被针对? / 67

我们无法真正了解别人的感受,因此,通过猜测他人想法得到的结论往往和事实有一些偏差。我们只能从自己的感受和客观的观察出发,帮助自己理解人际关系中遇到的困难。

13 我为学校的事心烦时总会迁怒于父母，该怎么改变？　/ 73

当我们认识到自己的情绪反应与自己对于事件的看法和解释有关时，就会明白情绪不再是神秘的、无常的，而是可以识别的，我们也就能更冷静、客观地看待发生的事，寻找应对方法了。

14 父母只在意成绩，不关心我的情绪，我该怎么办？　/ 79

心理学中有个重要概念叫"接纳"，是指允许我们的想法和感受以它们本来的样子存在，不强行与它们抗争，允许它们自然来去，这样就可以腾出心灵空间去做其他事了。

15 受到父母错误的指责时，我该忍受还是爆发？　/ 85

要想恢复与父母的友好沟通，或者想要从他们那里获得自己所需的东西，唯一的办法就是要尊重大家共同制定的"游戏规则"。

16 我取得好成绩时容易骄傲，如何保持平常心？　/ 91

确定未来生活目标对于我们有非常重要的意义，如果对未来生活没有明确的目标，就容易被眼前的问题（成绩升降、名次变化等）裹挟、困扰。只有在明确目标的引导下，我们才会有足够的动力去行动。

01 我的心情总是起伏多变,如何做一个情绪稳定的人?

From 玉涵

不知道怎么回事，最近，我经常没来由地感到不开心。我平时是一个特别爱热闹的人，喜欢跟同学们打打闹闹、开开玩笑，伙伴们也很喜欢和我一起玩耍。前段时间，我的爸爸妈妈大吵了一架，后来我时不时地会突然想起这件事，一想起来心情就变得沉重，甚至担心他们会离婚。现在，我常常会出现这种情况：和同学一起玩得正起劲时，突然一下子就觉得心情低落，只想一个人待着，学习热情也降低了。我该如何摆脱这种情绪的起伏，保持乐观积极的生活态度呢？

— 树洞回音 —

情绪是一种身心反应，它主要由三部分组成——<mark>想法、情绪感受、身体感受。</mark>

你是否有过类似的情绪突然低落的经历？如果有的话,请你回想一下,当时你有什么样的想法、情绪感受和身体感受呢？尝试着把它们写下来吧。

想法：

情绪感受：

身体感受：

— 树洞锦囊 —

我们的情绪会受到想法的影响,同样,情绪也会影响我们的想法,强烈的情绪还会影响身体感受。当脑海中突然冒出"爸爸妈妈吵架了,他们会不会离婚"这样的灾难性想法时,我们会产生焦虑、恐惧的情绪,身体上也可能会出现紧绷、无力的感受。如果我们可以从源头上管理自己的想法,削减想法对我们的控制力,那么我们的情绪就会更加稳定。

"狐狸吃葡萄"小练习

有一群狐狸发现了一个葡萄园,紫红色的葡萄让狐狸们垂涎欲滴。但是葡萄藤爬得很高,狐狸们够不着。面对同样的情况,不同的狐狸有不同的想法,不同的想法会激发不同的情绪反应,这也将导致它们采取不同的行动。表中展示了6只狐狸的想法,请你思考一下它们的想法分别会激发什么样的情绪和行动吧。如果你有其他想法,也可以填在空格中。

事件:想吃葡萄却吃不到

	想法	情绪	行为
狐狸1	继续跳就能达到目的。		
狐狸2	我吃不到葡萄,也不能让别人吃到。		
狐狸3	这葡萄肯定是酸的,不好吃。		

续表

	想法	情绪	行为
狐狸4	这点小事都做不到,我真是没用。		
狐狸5	不是非吃葡萄不可,烧鸡也同样美味。		
狐狸6	可以借助梯子摘到葡萄。		
狐狸7			

你发现了吗?我们被负面情绪包围,不一定是因为遇到的事情本身非常严重,而是因为我们被自己的想法困住了。换一个思路,也许就会柳暗花明,不妨试试看吧。

叮! 祝贺你学会了这一技巧,获得了"绿色行动"奖牌。

心理成长
小 贴 士

我们的想法如同海风,情绪如同海上的波浪,海浪起起伏伏,如同我们情绪的起起落落。**面对负面情绪的时候不要怕,因为它会来也会走。接纳负面情绪,反而可以帮助我们缓解它。**另外需要强调的是,如果你的负面情绪持续时间超过两周,而且强度比较大,并伴随明显的身体不适,影响到你正常的生活学习,那就需要引起重视,必要的时候去医院检查,此时你的症状有可能已经达到疾病诊断的标准了。

 思维一变天地宽。

02 我一生气就出现暴力行为,该怎么改变?

From **萌萌**

我以前是一个比较温柔腼腆的女孩子,大家都说我是懂事的乖乖女。即使遇到自己不喜欢的事情,我也能忍住脾气不发火,只要做点别的事情,就会渐渐忘记坏情绪,这也是爸爸妈妈告诉我的方法。可是,最近我发现自己身上发生了可怕的变化:我一旦生气,就会控制不住自己的行为,忍不住拍桌子、摔东西,甚至会掰断铅笔。上次,我的同学小越看到了我发脾气的样子,说我是"暴力狂"。我会越来越暴躁吗?我不想这样,我该怎么办?

— 树洞回音 —

请你回忆一下曾让你感到愤怒的事件,以及你是怎样表达愤怒的。你可以尝试借助下页的表格梳理自己的想法、情绪和行动。请参照示例,填写表格,并结合实际情况评价行动的效果。

事件	情绪和感受	行为	结果
被同学说的话激怒。	愤怒、委屈。	拍桌子、砸东西。	人际关系问题没有解决、身体受伤、财产损失。
	有点不满。	换个方式和对方沟通,告诉对方自己的感受。	打破僵局,加深彼此的了解,同学关系改善。

明确了不同行为造成的结果后,你知道该怎么做了吗?

— 树洞锦囊 —

在感到生气的时候,如果使用暴力行为来发泄自己的情绪,会引起更多的麻烦,还会对自己造成不好的影响。但如果能更好地认识自己的情绪,清楚地知道这件事对自己的影响,并想出更合理的办法化解,就能避免很多意气用事引发的恶果。

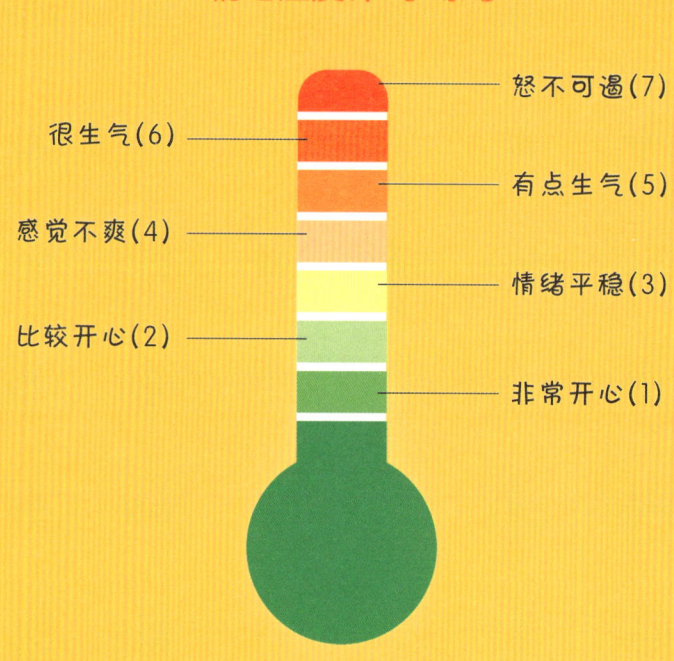

"情绪温度计"小练习

- 怒不可遏(7)
- 很生气(6)
- 有点生气(5)
- 感觉不爽(4)
- 情绪平稳(3)
- 比较开心(2)
- 非常开心(1)

要控制自己的情绪,首先要了解自己情绪的强度。上图是一个"情绪温度计"。当你发现自己的情绪出现波动时,可以先试着给自己的情绪从1~7打分。在不同的情绪状态下，你可以采取不同的措施。1~3分说明问题不太严重，可以直接和对方进行坦诚客观的交流；4~5分说明问题有点严重，可能需要寻求老师、家长的帮助；而6~7分说明事件的性质严重，要请家庭、学校或专业人士介入哦。

事件	情绪温度	应对措施
同学弄坏了我的文具。	3	跟同学沟通解决办法。
我遭受了校园暴力。	7	与父母协商，由家庭、学校共同处理。

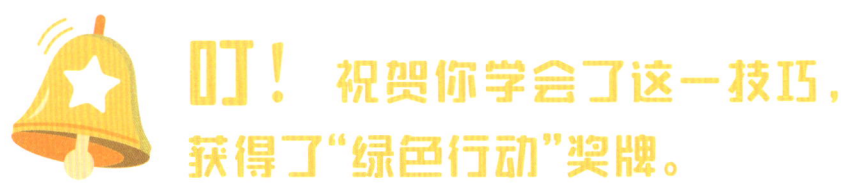

叮！祝贺你学会了这一技巧，获得了"绿色行动"奖牌。

心理成长小贴士

愤怒是一种正常、健康的情绪,它是人类的本能,可以帮助人们察觉危险情形。如果得到正确疏导,愤怒还可以成为强大的动力,激励人们通过努力,去克服眼前的困难和挑战。

然而,不受控制的愤怒具有令人难以置信的破坏力,可能给师生关系、同学关系、家庭关系造成巨大伤害。因此,**学会判断自己的情绪强度,并采取适当的方式疏导、缓解愤怒是很重要的**。要记住哦,你的目标是获取尽可能好的结果。

 一起学习调节情绪的技巧吧。

03 我和父母都是暴脾气,该怎样避免让亲近的人受伤?

From 宛嘉

我的爸爸妈妈都是暴脾气，平时在家动不动就会吵架、摔东西。受他们的影响，我在跟同学相处的过程中也很容易发火，连我最好的朋友琳琳都有点受不了我。暴躁的脾气让我一次又一次地伤害到身边最亲近的人，我为此非常苦恼。我很想改正，控制住自己暴躁的情绪，但是总会不自觉地发怒，我该怎么办？

— 树洞回音 —

如果你已经知道父母的脾气很暴躁，而他们的坏脾气也对你造成了影响，那么你应该如何应对他们的情绪爆发，并改善自己的脾气呢？请你根据经验或想象，判断下页表格中的行动是对你有帮助的**"绿色行动"**，还是可能起到反作用的**"红色行动"**，并给它们上方的星星涂上对应的颜色。你也可以在空白的格子中，写下自己采取过的行动或想到的行动方案并涂色。

1 ☆	2 ☆	3 ☆
埋怨父母，我的脾气不好都是受了他们的影响。	父母脾气差，我也管不了，他们吵架时我就躲在房间里。	打电话给爷爷和外公，让他们来管管自己的儿女。
4 ☆	5 ☆	6 ☆
选择合适的时机，组织好语言，跟父母讲述我的遭遇和心情。	向我信任的朋友或者老师求助。	发展兴趣爱好，疏导不良情绪。
7 ☆	8 ☆	9 ☆

绿色行动：4,5,6　　红色行动：1,2,3

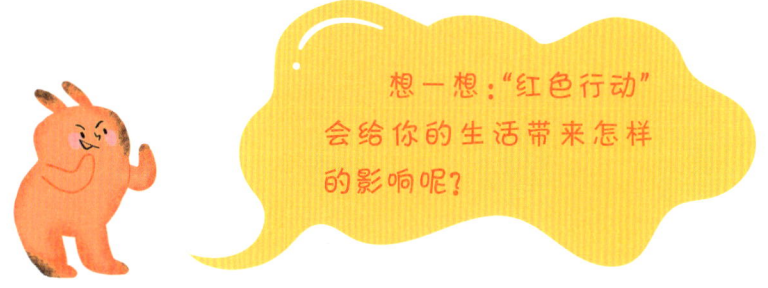

想一想："红色行动"会给你的生活带来怎样的影响呢？

— 树洞锦囊 —

如果你总是把注意力放在父母的坏脾气上,遇到问题一味逃避,或者把责任推到父母身上,不仅解决不了问题,还会造成层出不穷的新问题,甚至导致你与父母的关系僵化。下面的练习,或许能帮你解决问题,请试试看吧。

"情绪灭火"小练习

1. 与父母坦诚沟通,说出自己内心的真实想法

你会选择在什么时候与父母沟通?你选择当面交谈还是给他们写信?

你准备与父母沟通的主要内容有哪些?

2. 向信任的同学或者老师求助

当你遇到这种情况,会向哪几位同学或老师倾诉、求助?

除了老师、同学,你身边还有哪些人能帮助你?

3. 修身养性,让自己的内心变得更加强大

培养有益的兴趣爱好可以改善你的心态和性格。心情不好的时候,做什么事能帮你纾解不良情绪?

如果你现在还没有这样的兴趣爱好,可以试着培养一个爱好。你想尝试以下哪些活动?请在相应的括号内画"√"。

画画(　)　唱歌(　)　乐器(　)　轮滑(　)　街舞(　)
攀岩(　)　手工(　)　阅读(　)　篮球(　)　足球(　)

如果没有找到你喜欢的,你也可以根据对自己的了解,写下你想发展的兴趣爱好。

叮! 祝贺你学会了这一技巧,获得了"绿色行动"奖牌。

心理成长
小 贴 士

"6秒行动法则" 是指遇到令自己生气的事情时，等待6秒钟再行动，从而避免让情绪影响判断及决策。在这6秒钟里，你可以这样做：

1. 深呼吸。先深深地吸气，感受腹部微微隆起，然后缓缓地吐气，直到感觉彻底放松。

2. 降低自己的音量，用温柔而坚定的语气和对方交流，然后觉察自己此刻的想法和情绪：我现在很愤怒吗？

3. 放慢语速，用不急躁、不带强迫性质的语速交流，然后试着观察：对方的态度有没有发生变化？

这个方法可以防止负面情绪进一步恶化，有利于促进问题解决，对你的身心健康也很有帮助哦。

 生气也没什么大不了的。

04 为什么别人越催促,我就越焦虑、越拖延?

From 静彤

从我小时候起,爸爸妈妈就说我动作慢、磨蹭,总是催我。我上初中以后,他们更是不断提醒我还有哪些作业没有完成,哪些打卡任务没有做,还总是拿已经完成的同学刺激我,听得我烦死了。我也想快点做完,然后去做自己喜欢的事情呀。他们讲的道理我都懂,但他们的不断催促反而让我更烦躁、更不想行动了。我也不想继续这样下去,该怎么办呢?

— 树洞回音 —

被爸爸妈妈催促时,你的头脑中会冒出什么样的想法呢?有些想法能促使我们行动起来,减少爸爸妈妈的催促,我们称之为**"绿色想法"**;有些反而会让我们消极怠工,让爸爸妈妈催促得更厉害,我们称之为**"红色想法"**。请你判断下页表格中的想法属于哪种类型,并为其上方的星星涂上对应的颜色。你还可以把你的其他想法写出来,并想一想它们属于哪种类型。

— 树洞锦囊 —

父母的催促虽然让人不舒服,但也是一种提醒,能让我们产生紧迫感,从而更积极地行动。可与此同时,我们会认为父母不断催促是因为不信任我们、想干涉我们,因此越想越生气。这种想法会让我们忍不住和父母对着干,长此以往,会减弱我们的积极性,增加挫败感,情况只会越来越糟。

脑洞大开

"编写剧本,改写人生"小练习

父母和我们是相互影响的。对待同一件事,如果自己的情绪体验和他人不一致,双方就可能产生误解,甚至发生行为冲突。如果我们把父母的催促看作不信任的表现,就会感觉气愤,进而与他们对抗。而我们的情绪体验与行为也会影响父母,让他们做出相应的反应。

事件:父母在我动作慢时不断催促

视角A:我的体验

我对父母的想法: 他们不信任我,甚至有点不尊重我。
引发的行为: 不尊重他们,装作没听到他们说话或者顶撞他们。

我的情绪体验: 受伤,产生逆反心理。
引发的行为: 不如他们所愿,故意做得更慢。

视角B:父母的体验

父母的情绪体验: 焦虑,为我担心。
引发的行为: 不断催促、提醒我完成任务。

父母对我的想法: 觉得我不靠谱、爱拖延、缺乏自控力。
引发的行为: 理直气壮地干预我、控制我。

从上页的例子可以看出,没有被及时处理的负面情绪会越积越多,并且在双方的互动中像滚雪球一样不断膨胀。如果我们把父母的催促看作善意的提醒,并在此基础上行动,或许能创造一个全新的良性循环。请你试着编写理想状态下的亲子互动剧本,和父母一起努力朝那个方向前进吧。

视角A:我的体验

- 我对父母的想法:_____
- 引发的行为:_____

- 我的情绪体验:_____
- 引发的行为:_____

视角B:父母的体验

- 父母的情绪体验:_____
- 引发的行为:_____

- 父母对我的想法:_____
- 引发的行为:_____

叮! 祝贺你学会了这一技巧,获得了"绿色行动"奖牌。

写给父母的话

当父母认为孩子效率低、做事拖拉,并因此频繁催促孩子时,可能需要注意以下几点:

1. 比起反复催促,不妨尝试让孩子承担"慢"导致的结果,这也是培养孩子责任感的一种方式。

2. 试着想想,此时此刻,除了催促,有没有其他更有效的方法可以激发孩子的积极性,帮助他行动起来?

3. 频繁催促可能产生反向影响,使得孩子感觉不被信任,或自己能力不足。反之,在孩子行动迅速时及时肯定,能让孩子对提高效率更有信心。

4. 动作快慢可能与孩子天生的特质有关,很多科学研究型人才,往往是慢性子。与其强行矫正,不如因材施教,发挥孩子的天赋。

 每个人都是不同的。

05 我容易沉浸在考试或比赛失利的悲伤中,该怎么办?

From 温迪

我只要考试没考好，就会整天垂头丧气。我不想看到爸爸妈妈失望的眼神，也不想听他们宽慰我、激励我的话语，更不想面对老师的失望和同学的询问。当我独处时，会陷入无尽的懊悔和自责中：为什么原本的期待会变为泡影？为什么那么努力却没有收获？为什么不能以快乐的心情度过假期……在一声声的自我责问之中，我感到很无力、很懊恼。

— 树洞回音 —

当你因为考试没考好而深陷失落、悲伤的情绪中时，你会做些什么呢？有些做法有助于缓解痛苦，它们就是**"绿色行动"**；而有些则没有帮助，甚至产生负面效果，它们就是**"红色行动"**。请你给下页表格中所列举的做法上方的星星涂上对应的颜色，并想想你还能做些什么吧。

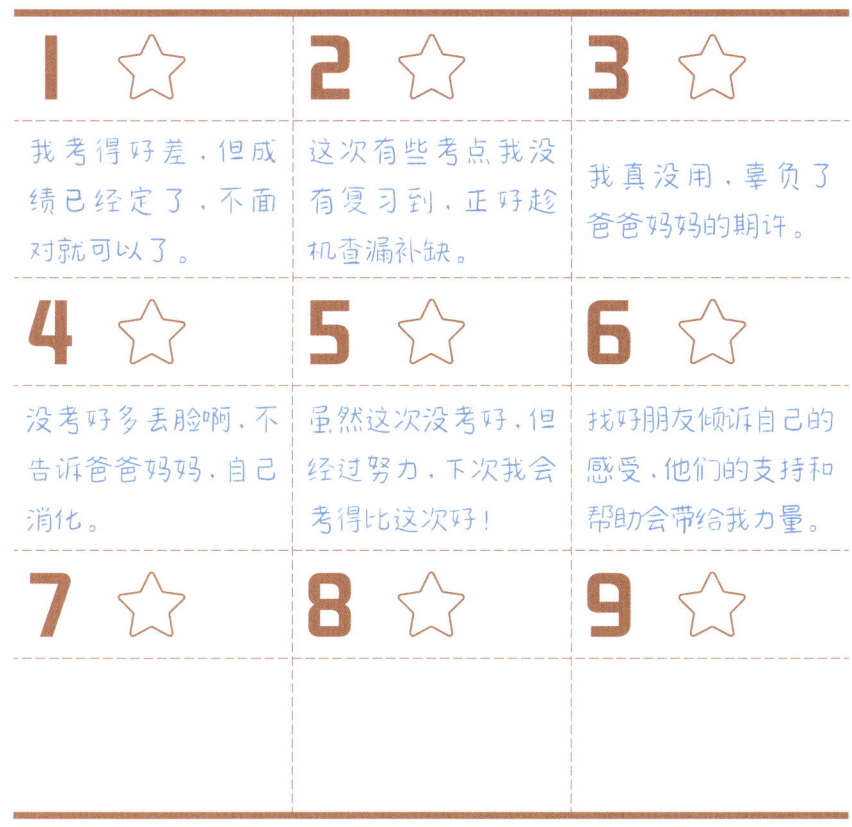

1 ☆ 我考得好差,但成绩已经定了,不面对就可以了。	2 ☆ 这次有些考点我没有复习到,正好趁机查漏补缺。	3 ☆ 我真没用,辜负了爸爸妈妈的期许。
4 ☆ 没考好多丢脸啊,不告诉爸爸妈妈,自己消化。	5 ☆ 虽然这次没考好,但经过努力,下次我会考得比这次好!	6 ☆ 找好朋友倾诉自己的感受,他们的支持和帮助会带给我力量。
7 ☆	8 ☆	9 ☆

绿色行动:2、5、6 　　红色行动:1、3、4

— 树洞锦囊 —

当我们考试或比赛失利时,常常会不由自主地把自己关进负面情绪的"笼子"里,为自己过去的大意懊悔,或是不断贬低自己的能力。其实,这个痛苦的"笼子"往往是我们自己"锁"上的。当我们试着打开它,从"笼子"中走出来,会发现虽然"笼子"还是原来的"笼子",但我们能做更多有效的事情,比如为下一次的挑战做好准备!

脑洞大开

"打开心锁"小练习

下面这个表格,可以帮助你打开痛苦的"笼子"哦!请你看一看,你给自己上了哪些"心锁"?想一想,你可以如何打开它们?将做法写在空格里吧。如果你心中有其他"锁",也可以模仿这种方式打开它们。

我的心锁	我可以这样打开它	具体做法
想法的锁:没有好成绩,其他的一切都没有意义。	我在意这次考试失利,并且会感到痛苦,这说明我拥有积极进取的好品质!	尽快投入接下来的学习,并给自己设个小目标。
注意的锁:只看到没考好的结果。	这次考试中的那些难题我都能找到思路,只是还缺一点解题经验!	准备错题本,及时总结,尽量不再犯相同的错误。
记忆的锁:过分看重某一次失败。	以前有一次单元测试我也没发挥好,但我没有灰心,而是认真总结经验,在后来的考试中取得了很大进步。	

续表

我的心锁	我可以这样打开它	具体做法
情绪的锁：陷入悲伤、自责。	这些情绪是正常的，但心情就像天空一样，乌云的背后是晴天！	
行动的锁：自暴自弃，不再努力。	可以列个目标计划，并找些参考资料，一点点查漏补缺。行动起来才会有进步！	
支持的锁：感到孤单、无助，又不想跟别人交流。	朋友、父母都会支持我，可以找机会跟他们聊聊。	

叮！祝贺你学会了这一技巧，获得了"绿色行动"奖牌。

心理成长
小 贴 士

情绪作为我们人类心理的重要功能,是时刻存在的。无论情绪带给我们何种体验,它都是有意义的。当情绪袭来时,我们先不要出于习惯做出回避行为,而要让自己停下来,觉察到底是什么事件和想法引发了这种情绪,并避免被它控制自己的注意力和行动。当然,在被负面情绪裹挟的时候,我们也可以主动接纳自身的状态,并寻求他人的支持,让自己更好地应对未来的挑战。

 情绪在帮我们了解自己。

06 我为什么总是忍不住跟老师唱反调?

From 文俊

我不喜欢邵老师,他讲课的声音小,讲课的内容和方式也很枯燥。因此,只要是上邵老师的课,我就处处跟他唱反调。当他点我回答问题时,我经常故意不配合,惹得他很生气。每次他生气,都会在全班同学面前批评我,我也觉得很难堪。有时,我也在想,我为什么这么抵触邵老师呢?其实他对我们挺好的。我该怎么改变这种状态呢?

— 树洞回音 —

请你拿出一张白纸,想象一下这样的场景:你正在独自玩耍,突然,你不喜欢的这位老师变成了一种动物出现在你面前,你觉得他会变成什么动物?你可以在纸上画出这种动物,解释你认为老师和这种动物之间的联系,并说一说你此时的情绪和想法。

比如,你觉得他像一条蛇,因为他说话柔声细气。你看到这条蛇时有点害怕,因为你担心它会咬伤你。你甚至可以觉得他像一头霸王龙,因为他生气的时候,会张

开大嘴攻击人……

这些联想可能说明你对这位老师有一些不满。当你看到自己的内心之后,再想一想、写一写,过去你是怎样向老师表达不满的?这些行为有没有缓解你对这位老师的抵触情绪?请你辨别有助于解决问题的**"绿色行动"**和没有帮助的**"红色行动"**,并给它们上方的星星涂上对应的颜色。如果你有其他行动方案,可以写在空格里并涂色。

1 ☆	2 ☆	3 ☆
被老师批评的时候,当场反驳他。	再也不理老师,上课不听讲,在校园里遇见老师也不打招呼。	课后单独找老师聊天,商量解决问题的办法。
4 ☆	5 ☆	6 ☆
给老师写一封信,说明自己唱反调的原因,告诉老师自己的想法和感受。		

绿色行动:3、4 红色行动:1、2

— 树洞锦囊 —

面对不那么喜欢的老师时,你的第一反应可能是抵触,或者不配合。但不是所有的老师都能了解你抗拒他们的原因,而且老师也有自己的教学任务,所以如果我们常用这种方式对抗老师,他们也会焦虑、生气。这样一来,你和老师的需求都无法得到满足,冲突就难以化解,还可能导致老师用惩罚来制止或矫正你的行为。

不过你比老师更容易了解自己哦。你可以仔细思考一下,自己唱反调时,期待收获的是什么。在你唱反调行为的背后,一定有一个正向的期待。看到自己真正想要的是什么,会让你更容易找到解决之法。如果你觉得老师值得信任,也可以告诉老师你的需求,一起探讨如何更好地相处。

"反调正唱"小练习

1. 神奇的一天

回想一下你和这位老师的互动,有没有哪一次比较融洽?那一次发生了什么?当时,你或老师有什么特别之处,让你比平时更能与他好好相处?

请你把当天的情境记录下来,这样的回忆有助于减少你对这位老师的抵触情绪。

2. 表达期待

试想,如果唱反调不能获得你原本期待的结果,有没有其他的方式,可以让你更容易成功?

如果你期待老师上课声音大一些,让你能听清楚,或许课后告诉老师,你听不清他讲课的内容,会是一个办法。

如果你期待老师认可你的能力和处理问题的思路,或许可以找个机会,和老师一对一介绍你的思路,并谦虚地倾听老师的意见,对比之后,选择最合适的解决办法。

如果你期待可以不用在课上回答自己不会的问题,或许可以在课后告诉老师你的为难之处,并询问老师有什么好的处理方式。

你对老师的期待是:

每个人都有自己的需求、喜好等,在相处的过程中,要采取适当的沟通方式协商,这样才更有利于取得双方都满意的结果。

叮! 祝贺你学会了这一技巧,获得了"绿色行动"奖牌。

写给父母的话

消极抵抗行为常出现在孩子和权威者的互动中。特别是在孩子觉得没办法改变权威者，又感觉不舒服时，通常会选择消极抵抗，也就是我们常说的"唱反调"。

可惜，孩子自己不容易发现唱反调的行为其实并不能让他们收获心里期待的东西。父母可以给予孩子一定的空间，让孩子有机会认识自己的需求，找到新的、更容易成功的表达方式。而且孩子不一定每天都和老师相处得不愉快，着眼于那些好的互动，探索背后的原因，也会帮助孩子找到更好的沟通方式，让孩子意识到建立良好关系其实没那么难。

 每个人都有自己的需求哦。

07 我因被同学嘲笑而感到自卑,该怎么办?

From 书羽

我是一名初中生,这段时间我感觉很受伤,原因是我们班有一个叫婷婷的女生经常嘲笑我,不是说我发际线高,就是说我满脸青春痘。她甚至和同学们一起在背后对我指指点点,说我长得丑。因为他们的嘲笑,我开始为自己的容貌而感到焦虑和苦恼,也越来越在意周围人看我的眼光,甚至害怕出现在同学面前。虽然我也告诉自己应该忽略他们,但听到别人嘲笑我的话时,我仍会感到绝望和无助。如今我变得很自卑,但不知道该怎么改变这种现状,只能默默忍受。

— 树洞回音 —

遇到类似事件时,你会采取哪些行动呢?请你将下页表格中的做法区分为对改善自卑心理有帮助的**"绿色行动"**,以及可能会让情况进一步恶化的**"红色行动"**,并给它们上方的星星涂上对应的颜色。如果你能想到其他的行动方案,也可以写在空白处,并思考你想到的行动对解决问题有没有帮助。

1 ☆ 用极端的方式反击,比如发起争吵,或者反过来攻击对方。	2 ☆ 在自己的外貌上花费大量的时间。	3 ☆ 破罐子破摔,更加不注重仪表。
4 ☆ 直接回应:"我不喜欢你这样说我。"	5 ☆ 告诉父母、老师或者朋友,寻求外界的帮助。	6 ☆ 把注意力放在自己的优势上。
7 ☆	8 ☆	9 ☆

消极行动:1、2、3   积极行动:4、5、6

— 树洞锦囊 —

你发现了吗?当我们放弃努力,放任对方的行为,或指责自己和他人时,很快会出现焦虑的情绪反应。在这种消极情绪中,我们很容易失去自信。这不但不能帮助我们成功解决问题,反而会让自己陷入更深的无力感和孤独中。要知道,<mark>每个人在生活中都会遇到挫折和失败,这是很正常的。</mark>感到焦虑或无助时,不要盲目自责或指责他人,而是要学着接受自己存在不足之处的事实,给自己一些心理支持和慰藉,告诉自己:"虽然我现在遇到了一些困难,但不代表我不能克服它,我会想办法让自己越来越强大。"在这个过程中,你可以一边寻找自己的优势,一边向朋友、家人或值得信赖的人倾诉,他们的鼓励和支持一定可以帮助你从消极的情绪中走出来。

脑洞大开

"蝴蝶拍"小练习

"蝴蝶拍"是一种情绪稳定术,通过有规律地拍打身体来增强自身安全感与情绪稳定性。请你跟着以下步骤进行练习吧。

1. 深深地吸气,慢慢地呼气。做3~5个深呼吸,让心情平静下来。

2. 将你的双手交叉在胸前,轻抱自己的肩膀或上臂。

3. 双手交替轻拍自己的肩膀或上臂,用自己感觉舒服的力度去拍,左右各拍一次为一轮,4~12轮为一组。在这个过程中,允许自己的头脑中自然浮现各种感受、想法、情境,并体会身体的各种感受,让一切自然而然地发生。你不需要做判断,只需允许你的感受、想法和情绪存在。

你可以在想要稳定自己的情绪时尝试这个小练习,每次做3~5组,可根据自己的实际需要缩短或延长练习的时间。

在练习结束后,你有没有感觉好点呢?欢迎在这里记录下自己的感受。

叮!祝贺你学会了这一技巧,获得了"绿色行动"奖牌。

心理成长小贴士

  停止比肩式思维对于发掘自己的能力、建立自信非常重要。事事和他人比较,用比较结果作为评价自己的标准很容易使我们陷入自卑和焦虑,与自己比较才是更有建设性的做法。每个人都有不同的起点和优势,不要盲目地将别人的标准套用在自己身上,而要专心走自己的路。

  你有你的人生航道和节奏,不要被别人的标准和评价绊住脚步。你要相信,自己一定有过人之处,总有人看得见、懂得欣赏,关键是你要先看见自己的闪光点。

 你也很优秀哦。

08 大家都说我很幸运,为什么我却觉得不幸福?

From 天放

我的爸爸妈妈相亲相爱,对我温柔呵护;老师和同学也很关心我,对我很友好。我经常会听到一个声音说:"你多幸福呀,很多人羡慕你呢。"可是我并不觉得自己是幸福的。我知道爸爸妈妈爱我,也知道他们养育我不容易;我知道老师对我的期许,也知道同学对我的羡慕。可是,我要比其他同学更努力,才能对得起父母、老师;我要成为"别人家的孩子",才能让同学一直把我当作榜样。在面临一场场考试时,我渐渐觉得力不从心,甚至每天起床都觉得筋疲力尽。我觉得好累,我好想逃离……

— 树洞回音 —

在这里,我们先做一个感受记录小游戏,这个游戏的规则如下:

- 在绿色心形中写下让你感觉累、想要逃离的事情。
- 在黄色圆圈中写下这种感觉出现时你的真实想法。
- 在红色方框中写下你在面对这种感觉时,会做些什么。

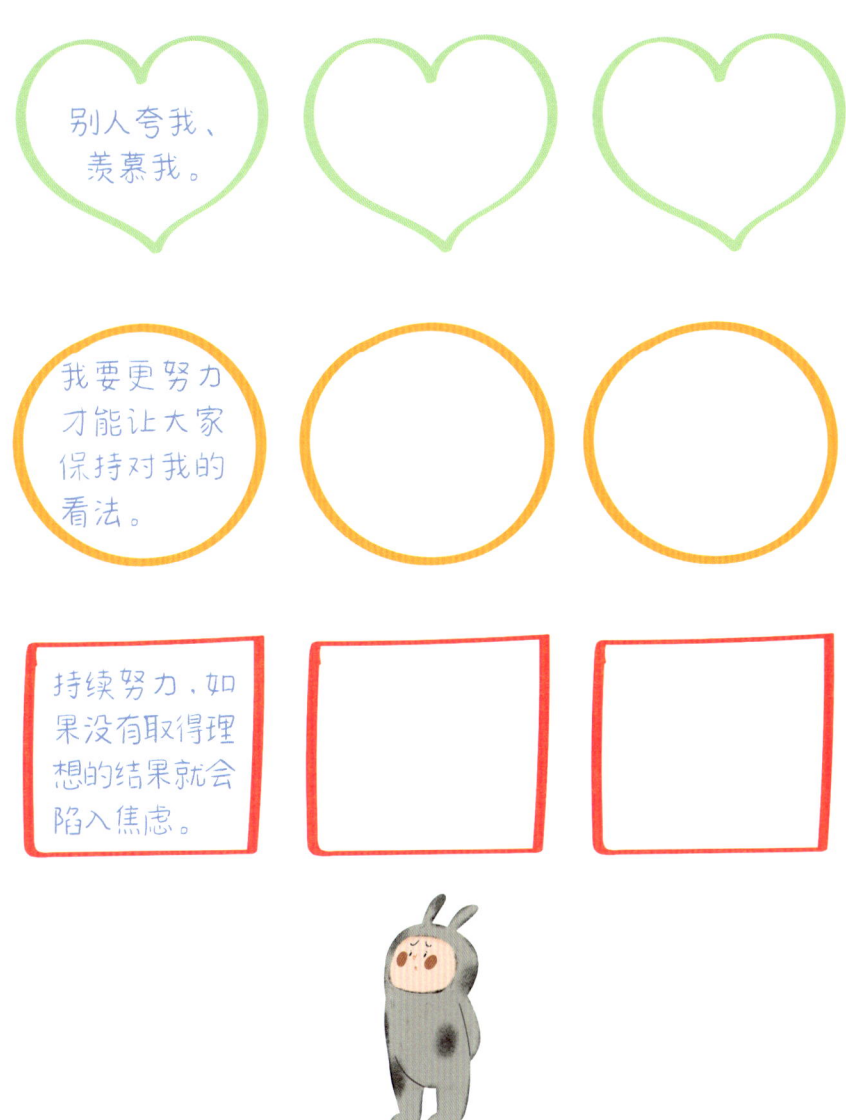

— 树洞锦囊 —

通过刚刚的记录,你有没有发现,你之所以感到累、想要逃离,正是因为你是个有上进心和自尊心的人,或者说你是一个对自己要求很严格的人,这其实是一件好事。但凡事都有两面性,对自己要求过于严格的时候,你就会被自己给自己贴的标签困住,时刻担心自己达不到别人的预期,从而丧失感知幸福和快乐的能力。

"幸福加油站"小练习

只要用心体会,生活中的很多小事都能让你感到快乐、幸福。这种感受与他人对你的评价无关,经历这些事的过程本身就会让你感到愉悦。做这些小事,就好像你为自己的"幸福感受器"加了一些"油",帮助它发动了起来。

以下哪种类型的"油"能让你的"幸福感受器"高速运转起来呢?你可以选一个或几个最有可能让你振作起来的类型,并把具体想做的事填写在下方的空白栏里。

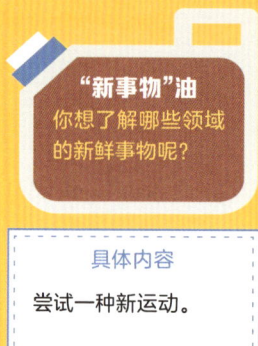

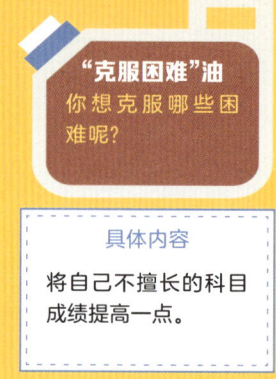

"获得奖励"油
努力会让你获得什么奖励呢?

具体内容

"取得成就"油
你想取得哪些方面的成就呢?

具体内容

"未来希望"油
给自己设一个不限于学习上的目标。

具体内容

"父母鼓励"油
请爸爸妈妈填一填,为你加加油!

具体内容

如果发现自己很难"开采"出新的"油",可以试着与父母沟通,问问他们有没有好主意。你会发现,原来自己身边的幸福有这么多。

叮!祝贺你学会了这一技巧,获得了"绿色行动"奖牌。

心理成长
小贴士

　　幸福感是个体基于自身的满足感和安全感而在主观上产生的愉悦情绪。心理专家认为，幸福感并不是短暂的情感体验，而是在内心形成的长久的、坚定的心理状态。幸福感的增加很多时候和财富没有关系，而是受身体健康状况、人际交往等方面的影响。要想获得幸福感，必须做到知足，不盲目追求不切实际的东西。当你用知足的心态面对生活时，就会感受到更多的幸福。

　　行为也会影响个体的心理，也就是说，积极的行为可以提升我们的幸福感。我们可以将积极行为总结为**"提升幸福感五要素"**：1. 从积极的角度看问题；2. 帮助他人做一件小事；3. 提升自信心；4. 放松心情，告别过高压力；5. 经常微笑。

记录下让自己开心的瞬间吧。

09 我的运气怎么这么差？

From 林彤

我从小就觉得自己运气很差，别说从没中过奖，就连准备了很久的班干部竞选，都会因为自己生病而错过。这让我做任何事情都没有信心，总感觉反正最后目标都不会实现。现在，我不想参加比赛，不想参加竞选，对什么事都提不起兴趣。爸爸老说我破罐子破摔，我也不想反驳。像我这种运气差的人，还有必要努力吗？

— 树洞回音 —

正在阅读来信的你，对于自己的运气是怎么想的呢？各种想法都是被允许的，不过，有些想法对于解决你的问题有帮助，我们称之为**"绿色想法"**；有些想法则对解决问题没有帮助，甚至会对你产生负面影响，我们称之为**"红色想法"**。请你给下页表格中想法上方的星星涂上对应的颜色。如果你有其他想法，也欢迎在空格中

1 ☆	**2** ☆	**3** ☆
像我这种运气差的人,努力也没用。	做什么事都毫无动力,不想尝试新事物。	没有信心,反正最后目标肯定不会实现。
4 ☆	**5** ☆	**6** ☆
三分天注定,七分靠打拼,越努力就会越幸运。	几次不走运,不能决定我以后的命运。	虽然这次因为生病没有赶上班干部竞选,但我的准备不会白费,机会一定还会有。
7 ☆	**8** ☆	**9** ☆

绿色指示:4、5、6   红色指示:1、2、3

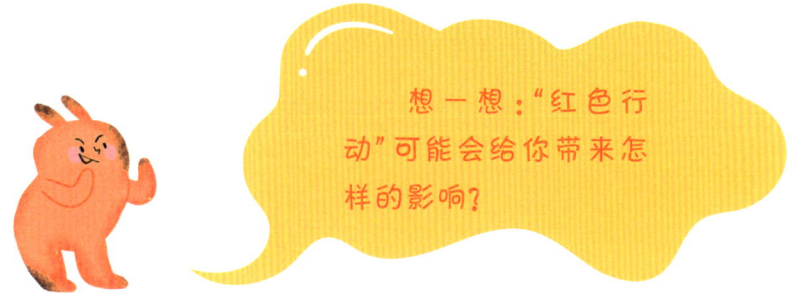

想一想:"红色行动"可能会给你带来怎样的影响?

补充并涂色。

— 树洞锦囊 —

你发现了吗？谁都有运气不好的时候，碰到这种情况，首先，不要把"运气很差"灾难化。其次，要看到多种可能性。最后，我们要认识到，事物都有两面性，塞翁失马，焉知非福。

脑洞大开

"积极想法"小练习

当你因为遇到了糟糕的事而情绪低落、没有干劲时，要提醒自己，这只是一次偶然事件。不要因此过高估计消极后果发生的可能性，也不要过低估计自己应对消极后果的能力。你可以通过下面的小练习调整心态。

1. 感恩

每天晚上睡觉前，多回顾对他人的感恩和当天的收获。即使遇到不顺利的事，我们仍然要理性地分析思考，从不顺利的事中获得了什么经验。

2. 建立期盼

每天早晨醒来，带着期盼对自己说："今天是美好的一天！看看是不是会有更多美好的事发生！"

3. 回顾幸运

在家人或朋友的帮助下,列举自己从小到大的幸运经历,以及自己曾经通过努力获得幸运的经历。

4. 接纳

确实,我们无法控制运气,所以接纳不确定性也是我们需要学习的地方。请记录一次自己接纳不确定的经历。

 叮! 祝贺你学会了这一技巧,获得了"绿色行动"奖牌。

心理成长
小 贴 士

"灾难化思维" 通俗地说就是"凡事往最坏的方面想"。如果这种想法发展为一种固定的思维模式，就会使你变得非常脆弱，因为人的感受和行动在很大程度上都会受到想法的影响。要想减少灾难化思维对你的影响，可以试试下面几步：

1. 识别灾难化思维。这类想法往往缺乏灵活性，而且很绝对化，但不包括具体细节，只是让人陷入泛泛的焦虑。

2. 质疑灾难化思维。当你发现，没有证据表明自己担心的结果一定会发生时，你的情绪困扰也会随之减轻了。

3. 用更现实、更理性的想法替代扭曲的消极想法。你担心的情况不一定会发生，即使发生了，你也有能力处理。

不必高估灾难，也不要低估自己。

10 我被老师冤枉了,该怎么办?

From 若凡

我在学校里总是被老师误解,这种滋味真的令我很难受。比如,今天班里有同学传纸条,明明我没参加,王老师偏偏认定我参与其中,虽然我向王老师解释了,但因为没有确凿证据,加上我之前犯过类似的错误,所以王老师根本不相信我。这样的事没少发生,我委屈极了。我该怎么办呢?

— 树洞回音 —

被老师一再误会时,你会有什么感受?请你在比较贴合你感受的词语下面画"√"。如果你还有其他的感受,可以补充在空格中哦。

生气	伤心	快乐	害怕	困惑
内疚	懊恼	轻松	不安	孤单
厌恶	沮丧	温暖	焦虑	不知所措
羞耻	委屈	兴奋	恐惧	无聊
被排斥	被放弃	空虚	狂喜	六神无主
绝望	不确定			

与此同时,你的身体出现了什么反应?请你记录在下面吧。

— 树洞锦囊 —

你发现了吗?当我们被误会时,第一反应通常都是恐慌、羞耻或委屈,并害怕继续和对方互动。==但请相信,问题不会一直存在,老师也不会一直误会学生。==而且,==害怕被持续误会会让我们错失与人和好的机会。==老师也希望和自己的学生保持互相信任的美好关系。或许我们可以借助想象,让现实变得更美好。一起来发挥创意,构建一个美好的互动场景吧。

"理想师生关系"小练习

想象一下,如果误会发生的第二天,你的老师意识到之前误解了你,主动找你交流那件事,而且态度和蔼,很有耐心。那么接下来,你和老师之间会发生怎样友好的互动呢?请把你理想中的情景,描述出来吧。

你会以什么表情和老师说话?

你想对老师说些什么?

你和老师之间的误会解除之后,你们的关系会变成什么样的状态?

通过想象一种理想的愿景,或者设置一个清晰、具体的目标,你或许能从更积极的角度看待现实。当你找到你真正想要的东西,就可以开始探索缩小理想与现实之间差距的方法了。如果你不知道怎么做,也可以大胆向父母、老师或专业人员求助哦。

叮! 祝贺你学会了这一技巧,获得了"绿色行动"奖牌。

写给父母的话

学生被老师误会,会产生无力感,因为两者的力量是完全不对等的,学生更加仰赖老师做出公正的评判。被老师误会时,排解自己的委屈,或追求公正的对待,都需要一定的力量。

我们身处在充满大小误会的世界中。作为父母,需要让孩子学会把在学校受到的误会当作历练的机会和成长的必修课。父母要鼓励孩子讲出真实的感受,再用**"奇迹问句"**让孩子想象问题被解决后的情境,给孩子面对误会的力量。

奇迹问句是一种询问方式,它以一种假设或想象的情况为基础,询问对方对这种情况的看法或感受。奇迹问句通常用于引导人们思考一些超出常规经验范畴的问题,从而激发人们的想象力和创造力。例如,奇迹问句可以是"如果你能创造一个奇迹,你会希望是什么",也可以是"如果你的生命明天会变得完全不同,你会希望发生什么"。这些问题可以帮助孩子思考他们真正关心的事情,探索自己的价值观和梦想,并激发孩子对未来的积极思考。

 大胆想象吧。

11 父母总拿我跟别的孩子比较，我该怎么调整心态？

From 嘉月

从小到大,爸爸妈妈总喜欢拿我和别人比。小时候和隔壁的米桃比身高,让我向她学习,多吃饭,多运动;长大后和王洋比成绩,我好不容易考了第一,妈妈却说,人家王洋几乎次次第一;过年时和表姐比谁懂事,夸表姐情商高……在一次次的比较之下,我自信心全无,感觉自己一无是处,怎么努力都比不过别人。

— 树洞回音 —

我们在下页制作了一张"优点表",请你在自己的优点下方画"√"吧。如果你的优点没有被列出来,可以补充在空白格中哦。

当你将自己的优点一一列出时,会发现,自我价值不是由父母的比较决定的,也不是由成绩决定的,而是由很多方面的品质共同决定的。明确了这一点,你就不会因为父母的比较而轻易怀疑自己了。

请你把这份清单也给父母一份,让父母选出你的优点,再将两份清单对照一下,看看你所选出的优点和父母选出的是否一致。如果不一致,为什么会有差异?

真诚	友善	善于交友	好奇	善于团队合作
幽默	热情	细心	谨慎	谦逊
勇敢	尊重他人	有创造力	有爱心	懂得感恩
观察力强	思维灵活	有领导力	有责任心	动手能力强

— 树洞锦囊 —

你发现了吗?当父母拿你和别人进行比较的时候,其实是希望你在这些方面可以表现得更好。可父母并不知道,作为孩子,你可能会感到不被肯定,接收到的更多的是负面情绪。这个时候,你可以把你的真实感受告诉父母,并直接告知父母你更喜欢他们以什么样的方式激励你,比如鼓励或者建议。这样,父母才能意识到原来的做法存在问题,从而有机会调整他们的表达方式。

脑洞大开

"神奇苹果"小练习

当你将自己的真实感受传达给父母,并向他们提出具体建议时,也许父母就能意识到自己的方法欠妥,也会欣赏你的坦率与真诚。相信你的父母也愿意和你一起发现你的优点,一起来做一做下面的小练习吧。

1. 种下苹果树

请你动手制作一些"神奇苹果",有已经成熟的红苹果,还有待成熟的青苹果。你可以把你的优点写在红苹果上,把缺点写在青苹果上。

2. 培育苹果

当你或父母新发现一个你的优点时,你就可以在"神奇果园"中多贴一个红苹果;当你改正了一个缺点,就可以撕下一个青苹果。如果红苹果越来越多,青苹果越来越少,就代表你的优点越来越多、变得越来越好了。

叮！ 祝贺你学会了这一技巧,获得了"绿色行动"奖牌。

心理成长
小 贴 士

　　一个人价值体系的建立,可能会受周围人评价的影响,尤其是父母、朋友等对自己而言很重要的人。在心理学上,青少年时期一个非常重要的任务是建立**自我同一性**。一方面,我们自己要对他人的评价有所觉察,这样才能更好地成长;另一方面,建立稳定的自我价值体系非常重要。当你不会因为周围人的主观评价而瞬间丧失自信心时,就意味着你的自我价值体系已经建立起来了。此时,你会有自己的判断,你的情绪也不会因为他人的主观评价而起伏不定。

 人格独立,从认识自己开始。

12 为什么我总觉得自己被针对?

From 聪聪

最近,我和杨老师的关系让我有些困扰。我感觉杨老师对我有偏见,处处针对我。别的同学做错了事情,杨老师会面带微笑,非常有耐心地处理;而如果是我犯了同样的错误,杨老师却总是板着脸批评我。现在,我每次看到杨老师都感觉很别扭,上她的课时我也感觉很紧张。我该怎么办呢?

— 树洞回音 —

当你在生活中遇到这样的情况时,会怎么做呢?你可以通过下页的表格梳理一下,老师对你的态度触发了你的哪些想法。有些想法来源于自己真实的观察和感受,你可以将它们标记为**"绿色想法"**;还有些想法来源于猜测,或是在猜测的基础上做出的评价,请你将它们标记为**"红色想法"**。你还可以补充自己的其他想法并涂色。

绿色框是：1、2、3 红色框是：4、5、6

上面的想法中，既有你的真实感受和客观观察，也有你基于过往经验得出的猜测和评价。==可是我们无法真正了解别人的感受，因此，通过猜测他人想法得到的结论往往和事实有一些偏差。我们只能从自己的感受和客观的观察出发，帮助自己理解人际关系中遇到的困难。==

— 树洞锦囊 —

你的感受背后可能隐藏着自己没有意识到的需求,不带评判地体会自己的感受非常重要哦。你感到担心、害怕,可能是因为你不知道如何跟老师相处,想知道如何做才能让老师认可自己。猜测他人的想法或解读他人的一举一动,似乎让你在短时间内获得了更强的掌控感,内心的冲突暂时得到了缓解;但从长期来看,过度关注和猜测他人的想法只会让你更加敏感焦虑,对于处理你的负面情绪和解决问题并没有帮助。

正念练习

当你因在意别人的看法或其他原因而感觉到恐惧、担心、紧张的时候,可以试着觉察自己的情绪,用正念的方式跟这些感受相处。让我们花5分钟,跟着下面的步骤练习一下吧。

1. 深呼吸,慢慢地吸气,深深地呼气。
2. 把注意力放在自己身体的某个部位,比如肚子。
3. 观察肚子的起伏,想象自己像一只小青蛙一样,肚子鼓起来、瘪下去……

4. 当你发现你的注意力被一些杂念带走的时候,别担心,也不要责备自己,将注意力重新拉回到呼吸上就好。

正念练习可以帮助我们将注意力集中在当下,不带判断地觉察自己的心理过程。这样我们就能从情绪中抽离出来,腾出更多精力去关注自己的感受。相比于在不良情绪和无端猜测中内耗,正念对于解决问题会更有帮助哦。

当压力得到缓解后,你就可以思考怎样和老师交流了。你可以拿一个玩偶代表你心中的老师,把你想说的话(你的感受或需求)对玩偶说出来。比如:我很害怕,也很紧张,因为我在上课的时候开小差了,不知道您会不会批评我,我希望您能对我包容一些。准备好之后,找个合适的时机和老师交流吧。

叮! 祝贺你学会了这一技巧,获得了"绿色行动"奖牌。

心理成长小贴士

正念,即有目的地觉察,是指在当下不做任何判断,不再让思想漫无目的地发散,而是把内在和外在的意识体验集中于当下事物的心理过程。这种觉察可以帮助人们从困扰自己的情绪和无尽的猜测中抽身出来,有更多空间去关注自己的感受和进行反思。因此,正念可以用于减轻焦虑、增强专注力和提高效率,能帮助练习者更好地走出当下的困境。

 给自己的感受建一个安全基地吧。

13 我为学校的事心烦时总会迁怒于父母,该怎么改变?

From 伊春

我最近在学校跟好朋友小艾因为一些误会闹了矛盾,我内心很想跟她和好,但就是拉不下面子主动找她。在学校看到她跟其他同学一起玩时,我的心情总会很糟糕。回家之后,爸爸妈妈常常会拉着我聊聊学校里发生的事情,但我只想一个人待着,并不想跟他们多说什么。我很苦恼,我既不想伤害爸爸妈妈,又不想勉强自己。我这是怎么了?

— 树洞回音 —

当你感到有很多复杂的情绪在心中翻涌时,可以试着安静地坐下来,观察一下自己脑海中冒出了哪些想法,这些想法又导致你采取了怎样的行动。同一种行动造成的短期影响和长期影响可能截然不同,请你阅读下页表格中的例子,并区分有利于解决问题的**"绿色行动"**和不利于解决问题的**"红色行动"**吧。如果你能想到其他行动方案,也可以写在空格中,判断它会造成哪些短期影响和长期影响并涂色。

情绪和想法	行动	短期影响	长期影响	
爸爸妈妈怎么这么烦？我要跟他们吵架！	发脾气。	情绪得到宣泄。	破坏亲子关系。	1 ☆
我很难过，只想自己安静一会儿。	躲回房间，锁上房门，不理父母。	避免冲突。	越来越难以跟父母沟通。	2 ☆
我的心情很糟，但又害怕不说话会伤害父母。	用几句话随便敷衍父母。	避免冲突。	情绪受到压抑。	3 ☆
我暂时不想说话，父母应该会理解我。	表达独处的愿望。	需要付出一定努力和父母交流。	维护了良好的亲子关系。	4 ☆
				5 ☆

参考行动：4　允许行动：1、2、3

你发现了吗？在和父母相处的过程中,发生矛盾是很正常的。正因为我们很重视与父母之间的情感,才会在意是否伤害了他们。有些行动确实能让我们暂时达到自己的目的,但从长远来看,对于我们跟父母的相处却没有好处。而有些行动虽然需要我们付出一些时间和精力,但是可以获得父母的理解与支持,还不会伤害他们的感受,长远来看,维护了我们与父母的良好关系。

脑洞大开

"破译情绪密码"小练习

当我们情绪激动时,通常无法冷静地思考合适的解决方法。因此,我们可以在平常多多练习。试想一下,当你在生活中遇到了引起自己强烈不适的问题时,会有什么样的心情,做出什么样的反应？请在下面的表格中整理出来。

事件	当时的想法	当时的情绪	当时的行为	行为的后果
心情不佳,不想跟父母沟通。	父母好烦,不想他们插手我的生活。	烦躁	躲进房间。	问题被搁置,与父母的沟通日渐减少。

续表

事件	当时的想法	当时的情绪	当时的行为	行为的后果
心情不佳，不想跟父母沟通。	我想独处一会儿，不是因为讨厌父母。	郁闷	主动跟父母说自己想静静。	获得独处的空间以及父母的理解。

　　从上面的练习中，你有没有发现一个规律，那就是你的情绪和行为常常跟你对当前事件的看法有关系。当你认为自己"被干涉"时，你的自我保护本能会自然地被激发，引起强烈的情绪体验；而当你的想法是"我想独处"时，你的情绪体验就不会那么强烈。

　　当我们认识到自己的情绪反应与自己对于事件的看法和解释有关时，就会明白情绪不是神秘的、无常的，而是可以识别的，我们也就能更冷静、客观地看待发生的事情，寻找应对方法了。

叮！ 祝贺你学会了这一技巧，获得了"绿色行动"奖牌。

心理成长小贴士

"情绪ABC理论"是认知行为疗法的核心理论之一，它描述了情绪形成的过程，帮助人们理解和改变自己的情绪反应。其中A表示刺激事件，B表示个体针对此刺激事件产生的一些信念，即对这件事的看法和解释，C表示个体产生的情绪和行为。**人的情绪和行为问题不是由刺激事件A直接引起的，而是在特定情景下，由个体对事件A不正确的认知和评价引起的。**

 做情绪的主人吧。

14 父母只在意成绩，不关心我的情绪，我该怎么办？

From 雅祺

我的成绩一直在班里名列前茅，但最近快要中考了，我觉得压力特别大，越想考好就越考不好，这次的一模成绩也很不理想，排名比之前下降了很多。我很怕面对爸爸妈妈，因为他们只在意我的成绩，只要我的成绩下降一点，他们就会指责我态度不好、不努力、不认真、不能吃苦。没考好，我也很难过，我多希望他们能够安慰我一下，但他们从来不关心我的感受，也不听我解释。每次被他们指责，我的情绪就会很低落，做什么事都提不起兴致来。我该怎么办呀？

— 树洞回音 —

我们虽然讲过很多和父母沟通的方法，但不可否认的是，有时候我们确实无法改变父母。这时，尽可能将负面情绪对自己的影响降到最低就至关重要了。处理负面情绪的第一步是识别它。我们来做一个情绪识别小游戏吧。

当你听到负面评价时，可能会觉得挫败、难过、委屈。请你找一个安静的、不被打扰的空间，仔细觉察

自己的情绪。你现在有哪些负面情绪?

想象一下,这些情绪是什么形状、什么质地、什么颜色的,它们在你身体中的哪个位置?你可以试着把它们画下来吗?

— 树洞锦囊 —

你发现了吗?当你明确觉察到自己有哪些情绪并把它们画出来后,这些情绪好像开始"变小"了。此时你可能会更清楚地感觉到,是你拥有这些情绪,而不是这些情绪控制你,它们只是你现在感受的一部分，而非全部。当你意识到这些之后，会感觉轻松一些，也就更有动力做出改变了。

"魔法瓶"小练习

下面有几个魔法瓶，你可以选择一个，把你已经觉察到自己有的负面情绪放进去。

把负面情绪放进魔法瓶后，盖紧盖子，想象把这个瓶子放在某个地方。你可以把它埋在学校的花园里，可以放在一个山谷里……可以是你想象中的任何一个地方。

你选择把它放在：

魔法瓶放好了！现在请你再留意一下身体的感觉，是不是轻松一些了呢？

如果你有好几种情绪，可以尝试着把每一种情绪都打包放在不同的瓶子里，妥善放置在某个地方。

悄悄告诉你，这个方法也同样适用于压力过大的情况哦，只需把那些负面情绪换成让你感到有压力的事就可以啦！

叮！祝贺你学会了这一技巧，获得了"绿色行动"奖牌。

心理成长小贴士

　　心理学中有个重要概念叫"**接纳**",是指允许我们的想法和感受以它们本来的样子存在,不管它们是愉快的还是痛苦的;对它们开放自己,给它们腾出空间,不强行与它们抗争,允许它们自然来去。当我们被负面情绪纠缠,身心健康和日常生活都受到影响时,就可以采用接纳的办法,**不要与负面情绪对抗或者试图消灭负面情绪,只需要觉察到它并允许它存在,将其放置在某个地方,为自己腾出心灵空间去做其他事情就可以了。**

 接纳是改变的起点。

15 受到父母错误的指责时,我该忍受还是爆发?

From 楚楚

我又被爸爸妈妈批评了。今天是周日，不用上学，学习任务也很轻松。我用家里的电脑查完资料、写完作业之后，想奖励一下自己，就打开游戏玩了一会儿。爸爸妈妈一看到就说我一天到晚不学习，只知道玩游戏。被他们这样一说，我的好心情顿时消失了。我真的好想反抗，但是出于对他们的尊重，我不想跟他们争吵，而且吵也没有用，他们根本不听。我只能默默忍受，但内心觉得很不舒服，我该怎么办？

— 树洞回音 —

当你受到父母的无端指责时，肯定会感到不舒服。应对这样的事件时，不同的行动会引起不同的情绪反应。**"绿色行动"**能引起健康的情绪，**"红色行动"**则会引起破坏性情绪。请你判断下页表格中的行动属于哪种类型，并给它们上方的星星涂上对应的颜色。你还能想到其他应对方法吗？请补充在空格中并涂色。

错误行动：1、2、6　　正确行动：3、4、5

— 树洞锦囊 —

父母只看到你在玩游戏，而没有看到你已经完成作业的事实，换成任何人，应该都会像你一样生气。<mark>被误解是一件很容易引发破坏性情绪的事情，随着我们的负面情绪积累得越来越多，我们和父母之间的关系可能会越来越疏远。</mark>学会正确沟通不容易，但又是一件极其重要的事情。

脑洞大开

"观察情绪"小练习

相信你也很想解决这个问题,如果可以的话,请你放松下来,做2~3个深呼吸,感受一下被父母误解时,自己有什么感受。你可以拿起"情绪放大镜",仔细观察自己的情绪并记录下来。这样做,可以帮助你更好地倾听自己内心真实的声音。

当父母误解你时,你的感受是什么?

父母这样说会让你不耐烦的原因是什么?

你为什么不想和父母沟通这件事?

你希望父母怎样对待你?

做哪些事情或许可以让你摆脱目前的困境?

回答完上面的问题后,你会对自己有更进一步的了解。理清了自己的思绪后,你一定会大有收获。

不过,你也要反思一下自己是否有过"前科",导致父母不愿信任你,比如:

▶ 因为玩游戏忘记了写作业,或者没按时完成某件答应父母的事情,逐渐让父母产生不信任感。

▶ 和父母约定好的事情没有坚持执行,也没有及时和父母沟通自己遇到的困难。

▶ 自己的事情,比如学业、家务没有合理安排。

如果你有过这样的行为,也不用急,只要及时改正,以后做得更好,你的父母一定会慢慢恢复对你的信任的。

叮！ 祝贺你学会了这一技巧,获得了"绿色行动"奖牌。

心理成长
小 贴 士

　　如果父母是因为你过去的某些行为而不信任你,而你想和他们友好沟通,或者想从他们那里获得自己所需的东西,那么唯一的办法就是**遵守大家共同制定的"游戏规则"**。在你做出承诺后,就要让父母看到你在认真履行,这样双方的信任才能慢慢建立起来。

 信任是可以争取的。

16 我取得好成绩时容易骄傲，如何保持平常心？

From 晓晓

上学期,我连续很多次在考试中取得了好成绩,这让我觉得自己的能力强于别人。我轻轻松松地学一下,就可以掌握相应知识点,并能在考试中获得高分;而有的同学刷了很多题,分数还是没我高。

暑假时,我享受了王老师给的"福利",即期末考试前十名的同学可以减免一些暑假作业,因此度过了轻松愉快的暑假。可是开学后,我发现那些在假期一直努力学习的同学渐渐超越了我,这让我感到十分失落。这种心态让我无法专心学习,我该怎么办?

— 树洞回音 —

当你发现一个假期过后,原本成绩没有你优异的同学追上你了,你可能会感到沮丧。但这件事会对你实现长期目标有什么影响吗?让我们一起启动"神奇头脑扫描仪",看一看我们的学习目标是什么,并判断它们是短期内容易达到,但很难长期维持的**短期目标**,还是可以长期维持的**长期目标**,并将它们上方的星星分别涂成红色和绿色。你还可以在空格中写上其他目标,思考它们属于哪种目标并涂色。

1 ☆	2 ☆	3 ☆
实现理想。	让父母满意,得到夸奖。	在考试中超越同学。
4 ☆	5 ☆	6 ☆
考上理想的大学。	获得更多知识。	考进前十名,享受减免作业福利。
7 ☆	8 ☆	9 ☆

短期目标:2、3、6   长期目标:1、4、5

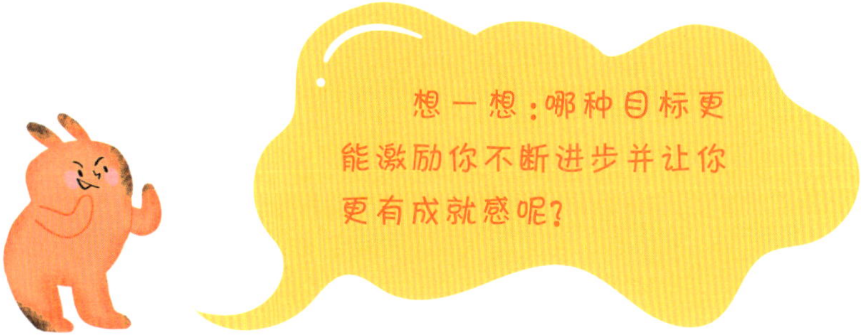

想一想:哪种目标更能激励你不断进步并让你更有成就感呢?

— 树洞锦囊 —

你发现了吗？可以用较少的努力获得比较好的成绩，这是你的优势。而在发现自己被同学追赶上之后感到失落和沮丧，则是很正常的现象。但是，一味沉浸在负面情绪中，对于提高学习成绩没有帮助。只有找到合适的学习目标，才能更好地克服挫折、持续进步。在学习中遇到挫折时，不妨停下来想一想："我现在努力学习是为了什么？我将来想成为什么样的人？"

"十年后的自己"小练习

请你坐下来，闭上眼睛安静地想一想，十年后的自己将会是什么样子，那时的你会在哪里，在做什么工作，你身边有哪些人，你现在的朋友们会变成什么样子，你们各自过着什么样的生活……

十年后，你跟父母的关系如何？

十年后,你跟朋友的关系如何?

你的梦想是什么? 十年后,你实现了自己的梦想吗?

相信你对于自己的未来十年有很多憧憬,这些憧憬如同未来前行道路上的灯塔,指引你不断前进。如果我们把现在的学习当作靠近灯塔的旅程,那我们做些什么可以让自己一步步靠近灯塔,而不是深陷眼前的困扰呢?

你的三年、五年、十年学习目标是什么? 为了实现这些目标,你有哪些行动计划?

叮! 祝贺你学会了这一技巧,获得了"绿色行动"奖牌。

心理成长小贴士

确定未来生活的目标对于我们的人生有非常重要的意义,如果对未来生活没有明确的目标,就容易被眼前的问题(成绩升降、名次变化等)裹挟、困扰。只有在明确目标的引导下,我们才会有足够的动力去行动。在实现目标的过程中,不可避免会遇到各种各样的挫折,每一个没有把我们打倒的挫折,都能教会我们一些道理,帮助我们成长为更好的自己。

 目标使人生更充实。